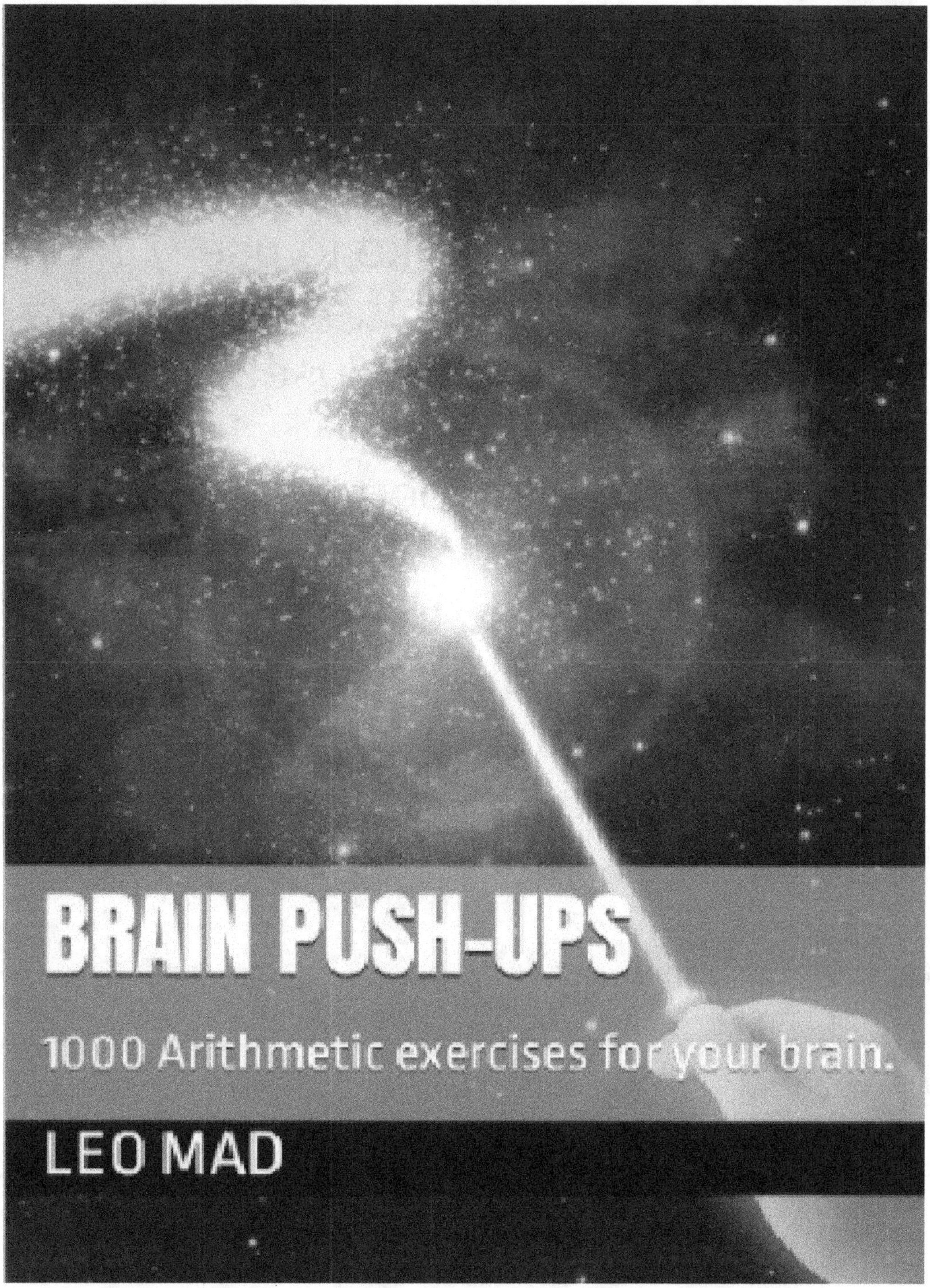

BRAIN PUSH-UPS

1000 Arithmetic exercises for your brain.

LEO MAD

All rights reserved.
If you would like to use
material from the book
for review purposes
or otherwise,
prior written permission
must be obtained
by contacting the author at
alesinfo0000@gmail.com
Thank you
for supporting the author's rights.

BRAIN PUSH-UPS

1000 Arithmetic exercises for your brain.

LEO MAD

INTRODUCTION

Although the human brain is not a muscle,
it does change and get stronger when used
on a regular basis.

There are many constructive ways
to use your brain, and basic math
is one of the best ones out there,
since it allows people to develop
or strengthen their memory,
systematic thinking, problem-solving,
as well as sequence and pattern recognition.

This book contains 1000
arithmetic operations for you or your loved ones
to have fun adding, subtracting,
multiplying, and dividing!

DO NOT USE A CALCULATOR!
(Where's the fun in that?)

639 / 45 =

594 – 254 =

118 + 367 =

213 + 886 =

584 – 582 =

977 – 145 =

904 – 414 =

729 + 758 =

51 + 192 =

471 – 417 =

176 – 171 =

867 – 391 =

224 + 763 =

964 – 294 =

517 x 64 =

981 – 841 =

898 – 774 =

105 + 133 =

92 + 601 =

154 + 849 =

84 + 641 =

878 + 951 =

307 − 216 =

371 + 607 =

69 + 919 =

278 – 192 =

424 – 235 =

103 + 462 =

407 + 482 =

12 + 74 =

112 + 808 =

743 – 738 =

935 – 799 =

802 / 17 =

491 + 831 =

929 – 147 =

8 + 103 =

516 x 7 =

371 – 306 =

584 – 247 =

824 − 695 =

475 + 896 =

225 − 133 =

354 + 763 =

958 − 174 =

569 + 996 =

651 – 463 =

465 – 454 =

44 + 634 =

953 – 542 =

951 – 721 =

824 – 421 =

86 + 581 =

93 + 342 =

503 + 989 =

553 + 712 =

832 – 466 =

223 + 454 =

716 / 62 =

457 + 933 =

501 x 55 =

834 – 423 =

21 + 708 =

808 + 824 =

577 – 432 =

497 − 285 =

888 − 259 =

76 + 489 =

594 − 178 =

407 + 963 =

68 + 853 =

741 – 623 =

74 + 767 =

603 – 186 =

642 x 66 =

355 – 328 =

569 – 176 =

5 + 508 =

814 – 432 =

556 + 727 =

356 + 397 =

824 / 26 =

335 + 773 =

947 – 363 =

317 + 659 =

411 − 268 =

99 x 29 =

144 + 288 =

34 + 282 =

75 / 65 =

492 + 494 =

62 + 704 =

118 + 531 =

367 + 413 =

714 – 711 =

68 + 614 =

687 – 265 =

836 – 678 =

157 – 139 =

107 x 28 =

828 – 101 =

846 – 282 =

335 + 541 =

417 + 656 =

766 -131 =

47 + 241 =

307 x 45 =

929 – 623 =

785 x 79 =

53 + 961 =

786 – 305 =

408 – 352 =

214 / 9 =

43 + 215 =

574 – 229 =

241 + 574 =

11 + 275 =

199 + 289 =

839 – 646 =

711 + 893 =

685 / 56 =

287 x 84 =

635 + 673 =

97 + 687 =

238 + 259 =

487 − 293 =

82 + 277 =

982 − 312 =

446 + 706 =

807 − 721 =

286 + 756 =

989 - 943 =

944 – 565 =

706 – 231 =

233 + 609 =

389 – 316 =

776 – 272 =

355 + 895 =

156 + 457 =

771 – 732 =

358 x 94 =

937 − 422 =

788 − 665 =

928 − 885 =

25 + 937 =

641 − 269 =

609 / 9 =

33 + 518 =

87 + 286 =

788 − 132 =

896 + 924 =

633 – 182 =

695 – 645 =

672 + 788 =

263 + 367 =

711 – 707 =

787 – 293 =

548 + 624 =

187 + 429 =

32 + 308 =

603 + 978 =

382 x 89 =

9 + 586 =

41 + 178 =

753 – 596 =

843 – 562 =

752 – 521 =

685 – 532 =

37 + 313 =

392 – 199 =

672 – 659 =

635 – 495 =

808 – 196 =

448 + 729 =

182 + 732 =

15 + 433 =

77 / 3 =

406 + 925 =

84 + 108 =

385 / 9 =

224 – 188 =

769 – 305 =

142 + 281 =

598 – 258 =

27 x 85 =

666 – 527 =

326 + 364 =

27 + 495 =

258 x 67 =

978 + 992 =

626 + 972 =

475 + 696 =

42 + 802 =

27 + 724 =

711 − 598 =

623 + 809 =

885 / 79 =

885 + 995 =

363 x 74 =

312 − 272 =

509 + 822 =

951 – 692 =

601 x 66 =

218 + 667 =

662 – 131 =

614 x 79 =

304 – 128 =

875 / 75 =

558 – 204 =

299 – 197 =

311 − 181 =

227 + 747 =

596 / 39 =

974 − 389 =

988 / 83 =

511 + 617 =

817 / 36 =

515 + 907 =

202 + 638 =

811 / 48 =

292 + 819 =

785 − 378 =

174 + 883 =

681 / 26 =

942 − 185 =

948 − 164 =

278 + 689 =

49 + 551 =

443 + 587 =

7 + 807 =

336 + 869 =

653 / 19 =

223 x 84 =

5 x 8 =

231 + 464 =

179 x 43 =

185 + 943 =

648 – 152 =

758 + 961 =

92 + 139 =

912 – 812 =

448 x 78 =

582 – 187 =

83 x 88 =

746 – 437 =

48 + 328 =

732 / 63 =

59 + 919 =

822 − 689 =

345 x 65 =

939 − 719 =

184 + 801 =

807 − 244 =

155 + 408 =

665 / 13 =

48 x 26 =

334 + 971 =

255 – 228 =

837 – 253 =

699 + 817 =

208 + 313 =

948 – 515 =

254 + 782 =

307 + 898 =

112 + 602 =

961 / 82 =

823 - 814 =

448 + 743 =

48 - 1 =

989 / 15 =

361 x 41 =

22 + 635 =

939 − 817 =

98 + 964 =

741 − 124 =

102 + 838 =

857 – 743 =

244 + 733 =

98 + 826 =

977 – 879 =

73 + 622 =

936 – 113 =

172 / 15 =

227 x 37 =

871 / 49 =

451 / 38 =

3 + 462 =

967 − 215 =

986 − 616 =

234 + 471 =

407 − 237 =

135 + 416 =

867 − 436 =

47 + 906 =

355 + 925 =

694 / 47 =

21 + 399 =

646 + 746 =

878 – 403 =

938 – 203 =

238 x 33 =

436 + 795 =

433 / 14 =

214 + 986 =

33 + 194 =

883 − 434 =

319 + 788 =

277 + 827 =

421 / 8 =

291 / 24 =

352 + 897 =

804 / 2 =

118 + 128 =

621 – 173 =

326 + 377 =

121 + 771 =

634 – 511 =

443 – 291 =

896 – 461 =

792 – 353 =

89 + 406 =

717 – 179 =

71 + 362 =

395 + 746 =

939 – 657 =

998 − 712 =

613 + 858 =

317 + 524 =

29 + 184 =

682 + 844 =

675 – 621 =

66 x 55 =

507 – 199 =

725 x 59 =

67 / 2 =

437 + 767 =

889 – 793 =

191 + 848 =

201 + 389 =

241 – 192 =

709 − 505 =

261 + 748 =

389 − 252 =

644 + 684 =

43 + 396 =

559 – 486 =

516 + 618 =

471 + 486 =

809 x 56 =

759 – 665 =

354 – 183 =

19 + 145 =

676 + 888 =

284 + 407 =

674 – 157 =

859 + 933 =

94 + 957 =

405 + 795 =

91 x 66 =

283 + 529 =

585 – 127 =

596 – 564 =

418 x 37 =

753 – 544 =

656 – 371 =

737 x 87 =

173 + 417 =

783 – 431 =

212 x 46 =

69 + 357 =

219 + 283 =

975 – 459 =

828 – 144 =

63 + 938 =

32 + 953 =

473 – 419 =

778 – 688 =

3 + 836 =

946 – 318 =

728 – 401 =

262 − 173 =

61 + 908 =

243 + 907 =

186 + 671 =

61 + 995 =

76 + 831 =

9 + 159 =

348 - 117 =

595 + 649 =

226 – 215 =

902 − 792 =

17 + 412 =

901 − 493 =

83 + 221 =

241 + 673 =

18 + 404 =

793 x 62 =

242 + 657 =

675 + 889 =

247 x 35 =

803 – 565 =

308 – 282 =

351 + 634 =

91 + 172 =

854 – 111 =

94 + 724 =

753 + 868 =

616 – 385 =

32 + 779 =

939 – 297 =

951 − 893 =

359 + 777 =

211 + 958 =

214 x 83 =

185 x 62 =

286 + 529 =

9 + 102 =

83 + 988 =

125 / 5 =

235 + 857 =

74 + 556 =

594 + 756 =

546 + 732 =

364 + 804 =

547 – 536 =

789 – 687 =

895 x 43 =

784 + 894 =

83 + 758 =

103 + 225 =

926 – 847 =

983 – 597 =

486 + 598 =

181 + 492 =

9 + 616 =

42 + 133 =

99 + 832 =

255 x 64 =

86 x 57 =

234 + 297 =

874 − 201 =

877 − 105 =

395 x 55 =

74 + 539 =

309 + 883 =

105 + 339 =

632 + 986 =

644 + 901 =

807 – 754 =

144 + 214 =

792 – 618 =

158 – 134 =

972 – 589 =

732 x 79 =

385 + 864 =

255 – 142 =

306 + 615 =

3 + 178 =

54 x 27 =

692 x 74 =

345 x 62 =

66 + 415 =

282 / 3 =

175 + 472 =

278 + 662 =

636 + 806 =

382 x 49 =

148 − 124 =

497 − 138 =

26 x 92 =

468 x 27 =

158 + 646 =

732 − 416 =

555 − 205 =

446 − 288 =

704 x 7 =

274 x 59 =

758 – 714 =

929 + 933 =

133 + 973 =

836 + 927 =

529 / 6 =

571 – 548 =

189 + 217 =

991 – 661 =

648 + 715 =

43 + 603 =

192 + 724 =

586 + 854 =

112 / 2 =

247 − 148 =

517 + 954 =

999 − 655 =

336 + 563 =

36 + 138 =

819 x 59 =

443 + 477 =

857 – 671 =

8 + 712 =

806 + 851 =

616 + 911 =

356 x 85 =

401 x 85 =

344 + 506 =

885 – 725 =

126 + 857 =

759 – 691 =

797 – 329 =

614 – 363 =

607 x 62 =

746 – 667 =

976 – 315 =

801 + 882 =

86 + 521 =

564 – 421 =

713 x 39 =

42 + 302 =

925 – 709 =

909 – 381 =

85 + 339 =

956 / 2 =

324 − 128 =

867 − 683 =

448 + 799 =

137 + 384 =

307 + 314 =

907 – 699 =

434 + 656 =

885 – 499 =

59 + 834 =

831 – 592 =

577 – 412 =

931 – 334 =

68 + 671 =

717 – 639 =

791 – 355 =

553 – 234 =

248 – 123 =

42 / 3 =

1 x 6 =

535 – 239 =

367 + 369 =

989 – 755 =

164 + 478 =

756 + 784 =

246 + 371 =

933 – 224 =

137 x 21 =

152 + 725 =

753 – 391 =

189 + 265 =

279 + 946 =

82 x 76 =

724 − 201 =

841 + 888 =

188 + 851 =

58 + 271 =

792 − 132 =

805 + 844 =

675 − 423 =

286 – 215 =

937 x 83 =

985 x 36 =

805 + 877 =

967 – 817 =

342 + 469 =

691 x 41 =

362 + 458 =

792 − 114 =

86 x 69 =

82 + 309 =

787 − 773 =

606 − 104 =

867 − 708 =

863 x 43 =

946 + 946 =

886 – 211 =

968 + 979 =

741 – 633 =

118 + 598 =

133 + 315 =

23 + 835 =

161 + 851 =

917 – 447 =

375 + 756 =

51 x 86 =

248 + 402 =

7 + 438 =

354 / 7 =

923 − 144 =

199 + 446 =

563 + 591 =

252 + 453 =

844 – 324 =

192 + 198 =

759 − 609 =

68 + 331 =

92 + 417 =

385 + 929 =

926 − 312 =

437 – 212 =

481 + 929 =

663 – 566 =

962 – 769 =

466 + 611 =

728 – 352 =

254 – 156 =

888 – 391 =

377 + 608 =

381 + 607 =

39 + 713 =

55 x 21 =

303 + 796 =

321 x 5 =

93 + 521 =

461 + 971 =

721 + 891 =

837 + 868 =

38 + 548 =

67 + 376 =

216 – 139 =

446 + 759 =

871 – 286 =

857 – 359 =

304 + 349 =

528 x 31 =

163 x 21 =

606 − 282 =

73 + 135 =

487 − 277 =

55 + 648 =

755 − 481 =

93 + 873 =

83 + 501 =

589 + 937 =

959 – 455 =

951 x 72 =

654 – 379 =

402 + 797 =

32 + 612 =

697 – 182 =

22 + 978 =

95 + 123 =

493 + 973 =

919 + 983 =

729 + 735 =

995 – 366 =

732 – 467 =

9 + 771 =

607 – 499 =

303 – 279 =

941 – 628 =

455 – 178 =

47 – 1 =

85 + 972 =

361 + 743 =

53 x 27 =

32 + 184 =

262 x 98 =

822 x 36 =

427 + 774 =

53 + 893 =

45 + 486 =

649 + 981 =

941 − 188 =

962 – 904 =

111 + 191 =

683 + 751 =

866 / 5 =

411 x 52 =

376 + 764 =

576 – 299 =

386 – 287 =

464 – 416 =

792 – 142 =

134 + 564 =

35 x 56 =

608 – 296 =

563 – 472 =

468 + 514 =

253 x 77 =

961 – 527 =

587 – 408 =

74 + 744 =

311 + 449 =

831 – 524 =

525 – 315 =

425 + 463 =

631 + 879 =

317 x 13 =

148 + 342 =

456 – 195 =

548 x 82 =

303 – 252 =

785 – 576 =

138 + 425 =

19 + 447 =

169 + 724 =

625 x 82 =

243 + 926 =

34 + 257 =

561 x 59 =

714 + 931 =

946 – 619 =

267 + 868 =

71 + 382 =

599 + 828 =

932 − 904 =

127 x 71 =

543 / 7 =

663 x 61 =

322 – 104 =

47 + 158 =

755 – 615 =

841 / 15 =

392 − 115 =

507 − 442 =

574 + 781 =

34 + 181 =

827 − 589 =

375 – 289 =

255 + 974 =

52 + 816 =

515 x 44 =

375 + 922 =

196 + 681 =

439 + 763 =

816 − 478 =

789 − 317 =

182 / 7 =

552 x 62 =

523 + 677 =

656 – 296 =

769 – 249 =

763 – 572 =

784 – 478 =

274 – 271 =

255 – 223 =

23 + 729 =

256 + 991 =

318 + 326 =

504 x 21 =

402 – 127 =

254 / 9 =

17 + 241 =

809 − 496 =

697 − 681 =

308 + 688 =

157 + 863 =

83 + 233 =

884 / 69 =

269 + 391 =

746 + 851 =

461 + 842 =

449 x 92 =

3 + 421 =

571 + 717 =

203 + 495 =

135 + 931 =

549 x 51 =

36 + 888 =

831 – 466 =

74 + 613 =

969 – 318 =

9 x 2 =

57 + 483 =

1 + 389 =

886 − 328 =

685 − 417 =

887 − 705 =

39 + 767 =

28 + 707 =

819 + 934 =

711 + 857 =

123 + 257 =

885 x 64 =

235 – 144 =

752 – 493 =

448 + 874 =

126 + 494 =

194 + 639 =

82 + 461 =

36 + 797 =

842 − 309 =

745 − 583 =

34 + 881 =

653 − 153 =

313 x 53 =

651 − 581 =

608 − 305 =

732 / 49 =

257 – 329 =

598 + 884 =

77 + 742 =

14 + 309 =

72 + 314 =

601 + 931 =

454 + 484 =

178 + 525 =

25 + 204 =

811 – 394 =

718 – 214 =

456 – 352 =

601 + 884 =

424 – 341 =

153 + 733 =

44 + 659 =

355 – 108 =

532 + 818 =

461 / 45 =

564 / 23 =

411 – 318 =

409 + 647 =

923 - 705 =

54 + 728 =

398 – 178 =

395 + 491 =

309 + 992 =

82 + 171 =

47 + 569 =

705 / 3 =

862 – 641 =

6 + 69 =

582 – 398 =

78 x 24 =

633 – 214 =

533 – 142 =

977 – 595 =

817 x 62 =

117 + 294 =

76 x 9 =

839 + 983 =

585 – 506 =

47 + 756 =

807 x 86 =

754 / 53 =

509 x 35 =

76 + 886 =

37 + 457 =

943 − 588 =

95 + 344 =

372 + 536 =

644 − 398 =

86 + 263 =

415 + 496 =

834 − 612 =

157 + 438 =

566 / 55 =

124 + 456 =

477 − 461 =

83 x 77 =

694 − 666 =

555 + 984 =

228 + 709 =

999 − 166 =

625 / 25 =

504 – 492 =

638 + 817 =

495 – 174 =

892 – 474 =

641 − 543 =

482 + 574 =

17 + 415 =

866 − 638 =

239 + 691 =

627 / 19 =

739 − 238 =

339 + 874 =

544 + 645 =

533 + 834 =

664 + 925 =

82 + 439 =

743 − 445 =

23 + 192 =

696 − 292 =

333 + 432 =

641 – 106 =

504 – 234 =

948 + 977 =

238 + 382 =

168 + 655 =

58 + 324 =

2 + 585 =

451 / 24 =

799 − 832 =

596 – 345 =

318 x 58 =

55 x 52 =

332 x 92 =

888 – 347 =

924 – 549 =

923 x 48 =

27 + 452 =

7 + 529 =

352 – 152 =

863 – 763 =

998 – 317 =

364 + 391 =

889 + 931 =

414 + 684 =

254 + 383 =

852 + 918 =

428 + 967 =

4 + 973 =

196 + 995 =

997 − 579 =

592 x 62 =

435 / 34 =

654 − 594 =

517 + 674 =

35 + 258 =

793 – 293 =

878 + 916 =

447 + 839 =

618 – 121 =

555 + 688 =

745 / 58 =

467 / 2 =

917 + 987 =

564 / 11 =

485 + 879 =

303 – 105 =

489 x 49 =

606 / 14 =

917 – 755 =

304 x 16 =

681 – 555 =

15 + 221 =

827 – 695 =

906 – 517 =

123 x 87 =

792 – 87 =

596 – 413 =

974 – 746 =

639 – 188 =

35 x 95 =

709 – 692 =

719 – 517 =

861 / 48 =

348 + 501 =

635 – 568 =

382 – 312 =

493 – 314 =

337 – 252 =

545 – 268 =

268 + 348 =

521 − 481 =

895 − 859 =

811 − 763 =

938 − 516 =

536 + 817 =

555 / 17 =

355 – 238 =

485 – 199 =

36 + 535 =

102 + 495 =

821 + 931 =

886 – 279 =

916 – 281 =

585 – 422 =

498 – 344 =

358 + 678 =

45 + 486 =

845 – 129 =

303 x 72 =

201 + 809 =

859 + 985 =

269 x 84 =

158 + 365 =

809 − 635 =

397 + 934 =

118 + 141 =

701 − 455 =

184 + 525 =

659 + 902 =

188 + 356 =

3 + 73 =

164 + 384 =

336 – 173 =

9 + 55 =

696 x 84 =

566 – 188 =

676 + 691 =

55 + 271 =

883 – 576 =

368 x 43 =

724 – 594 =

576 + 803 =

413 / 13 =

462 / 15 =

557 – 361 =

204 + 923 =

907 – 161 =

268 + 465 =

945 – 773 =

2 + 252 =

3 + 327 =

41 + 801 =

6 + 627 =

205 + 232 =

ABOUT THE AUTHOR

Leo MAD is a poet, philosopher, and language instructor from Guatemala. He was born in 1979, and has been writing in both English and Spanish since age 16. Now a self-publishing author, he's currently focused on writing useful content that educates, informs, and sparks much-needed healthy conversations among people.